中国南方电网有限责任公司
电网工程造价专业培训教材

电网建设工程
清单计价应用50例

程其云　主编

中国电力出版社
CHINA ELECTRIC POWER PRESS

图书在版编目（CIP）数据

电网建设工程清单计价应用 50 例 / 程其云主编. —北京：中国电力出版社，2022.11
中国南方电网有限责任公司电网工程造价专业培训教材
ISBN 978-7-5198-7131-4

Ⅰ. ①电…　Ⅱ. ①程…　Ⅲ. ①配电系统–电力工程–工程造价–技术培训–教材
Ⅳ. ①TM727

中国版本图书馆 CIP 数据核字（2022）第 186094 号

出版发行：中国电力出版社
地　　址：北京市东城区北京站西街 19 号（邮政编码 100005）
网　　址：http://www.cepp.sgcc.com.cn
责任编辑：岳　璐　马雪倩
责任校对：黄　蓓　常燕昆
装帧设计：郝晓燕
责任印制：石　雷

印　　刷：三河市万龙印装有限公司
版　　次：2022 年 11 月第一版
印　　次：2022 年 11 月北京第一次印刷
开　　本：710 毫米×1000 毫米　16 开本
印　　张：5.5
字　　数：66 千字
印　　数：0001—1000 册
定　　价：28.00 元

编 委 会

前　言

随着建设市场的快速发展，为与国际市场接轨，我国引入了工程量清单计价模式。工程量清单计价模式体现了量价分离、企业自主报价的自由竞争原则，更能反映企业个别成本，有利于充分调动企业加强管理的积极性，促进建设市场的健康发展。对于建设单位而言，采用清单计价模式，有利于建设单位招标工作的快速推进，能够更明确掌握各项工作的市场价格水平，有利于合理控制工程造价。在此背景下，国家能源局相继发布了 DL/T 5205—2021《电力建设工程　工程量清单计算规范　输电线路工程》、DL/T 5341—2021《电力建设工程　工程量清单计算规范　变电工程》、DL/T 5745—2021《电力建设工程　工程量清单计价规范》。电力建设工程工程量清单计价规范及工程量计算规范建立了满足不同设计深度、不同复杂程度、不同承包方式及不同管理需求的多层级工程量清单体系，内容全面、细致，符合目前电力行业工程造价管理的实际需求，有效规范了电力行业工程清单计价行为。

中国南方电网有限责任公司电力建设定额站（以下简称"南网定额站"）广泛收集行业内相关单位和人员对于工程量清单计价应用的问题，并从收集资料中整理有代表性的案例，梳理整理后形成此培训教材。本教材内容包括第 1 章合同原则、第 2 章分部分项工程费、第 3 章措施项目及规费项目、第 4 章其他项目费用、第 5 章风险费用。各章内容不仅包括案例描述、案例分析、解决建议等，同时还涵盖相关基础理论、标准规范以及工程量清单计价计算方法。各章内容中所包含的案例均经过电网工程相关技术和造价管理专家的评审，通过引用标准规范及相关资料对案例进行客观翔实地分析，进一步剖析电网建设工程清单计价所存在的问题及背后的原因，客观公正地提出解决建议，从而为电网建设工程清单计价行为的规范性和造价管理工作提供指导。

本教材仅供学习培训使用，不应用于其他用途，不代替电力工程造价与定额管理总站最后解释。

编　者

2022 年 8 月

目　　录

第1章 合 同 原 则

工程量清单计价方法自 2003 年起于国内开始推广，其实质是突出工程交易价格的市场本质。在招标人提供统一的工程量清单基础上，各投标人进行自主竞价，由招标人择优选择并形成最终的合同价格。在这种计价方式下，合同价格能够更加直接地体现出市场交易的真实水平，更加合理地对合同履行过程中可能出现各种风险进行合理分配，进而提升承发包双方的履约效率。工程量清单计价贯穿施工招标、合同管理以及竣工结算全过程，主要包括编制招标工程量清单、招标控制价、投标报价，确定合同价，工程计量与价款支付、合同价款调整、工程结算和工程计价纠纷处理等活动。在工程量清单计价过程中，发承包双方除了要遵循工程量清单计价规范的相关条款以外，还应严格履行合同约定的原则，若合同条款出现约定不严谨等情况，则会造成结算争议。本章将结合部分案例，对合同原则如何影响工程量清单计价进行详细剖析。

1.1 施工人材机费用调整的原则（QD-1-1）

【案例描述】

某工程施工工期为 2014 年 2～10 月，但因某些原因导致该工程 2016 年才进入结算阶段，结算时施工单位按照合同约定采用《关于发布 2013 版电力建设工程概预算定额 2015 年度价格水平调整的通知》（定额〔2015〕44 号）文件上报人材机调整费用 960 万元，审核单位认为应依据与施工工期相对应的 2014 年度价格水平调整文件更加科学合理，核定为 730 万元，核减 230 万元。

【案例分析】

该工程施工合同对于人材机调整的规定为"因物价波动引起的价格调整按照如下约定处理：结算时依据电力工程造价与定额管理总站发布的最新文件调整人材机价格水平"。

施工单位依据定额总站 2015 年度价格水平调整文件核定人材机费用为 960 万元，但根据定额总站发布的价格水平调整文件，调整原则为本年度人材机费用调整应执行上一年度的调差文件。该工程施工工期在 2014 年，根据合同条款的初衷，应使用价格调整文件将施工费用调整至与其施工时期相对应的费用价格水平，而并非仅以"最新"发布文件为原则，因此应支持审核单位的结论，即根据《关于发布 2013 版电力建设工程概预算定额 2014 年度价格水平调整的通知》（定额〔2014〕48 号）文件进行人材机调整，核定结算为 730 万元，核减 230 万元。

【解决建议】

根据《电力建设工程概预算定额价格水平调整办法》规定，人材机价格调整的信息采集工作每年一次，各地人材机价格采用当年前三季度的平均价格。因此数据收集工作通常在第四季度进行，当年底或下一年初发布该年度的价格调整文件。

从文件适用原则来说，市场价格波动对原投标价格水平可能会产生影响，但如何选择价格调整文件、调整原则、调整办法、合同风险范围等内容，应该由甲、乙双方在施工合同中进行明确约定。该案例产生争议的原因为合同条款使用"最新发布"导致各方出现理解歧义。

【延伸思考】

结算审核前需深入研判与结算工作相关的文件,深入把握文件发布的背景、使用原则以及对工程造价的影响,以便结算审核时准确应用;同时在起草合同条款时,应使用"明确""唯一"等不易产生歧义的合同用词,保证合同的严谨性。

1.2　不平衡报价时的设计变更计价原则(QD-1-2)

【案例描述】

某 220kV 变电站工程施工过程中发生两项设计变更,第一项:SC20 金属管增加 2600m,SC20 金属管投标报价 50 元/m,投标时期对应市场价格 7.56 元/m;第二项:照明电缆型号从 VV22 型变更为 VV 型,VV22 型号电缆投标报价较市场价低 30%~50%。

【案例分析】

根据该工程施工合同 15.4 条"变更估价的原则:中标合同(含投标文件)或已标价工程量清单子目的单价已有的价格如出现明显不合理(指合同价格偏离市场价格及现行定额水平±20%以上)的单价和费率,项目建设单位有权按照行业现行相关规定的单价和标准执行"。

结算审核单位根据建设单位意见,对增加的 2600m 的 SC20 金属管按 7.56 元/m 计算费用;原施工图 VV22 型号电缆价格按地区信息价(投标报价书中对应时期信息价)进行扣减。

承包方认为此前类似项目（施工合同主要条款与该工程一致）投标报价存在单价较高（超过 20%），但设计变更导致工程量减少的情况；结算审核单位仍按投标价格进行扣减，未按当期市场价格进行调整，前后两个工程的不同结算方式对施工单位不公平。

【解决建议】

案例中合同约定"发包方"才有权对价格进行调整，结算审核单位征求发包方意见后采取的计价原则与合同约定相符，不存在承包方认为不公平的问题。承包方在投标报价时，应充分了解项目实际情况，根据清单规定及市场价格水平合理编制投标报价，提高投标报价书编制质量，避免不平衡报价。

【延伸思考】

不平衡报价是承包方一种常见的报价策略，但对于发包方而言，一些极端的报价策略可能带给发包方经济损失。发包方应采用有效手段去限制不平衡报价，常见的方法包括在招标环节开展清标、在合同中限定报价与正常市场价格的偏离度范围以及设置较大偏离度时的结算条款等。

第2章　分部分项工程费

　　分部分项工程费是指完成在工程量清单列出的各分部分项清单工程量所需的费用。根据工程量清单计价的基本原理，分部分项工程费的计算方法为：按照工程量清单计价规范规定，在各相应专业工程工程量计算规范规定的清单项目设置和工程量计算规则基础上，针对具体工程的施工图纸和施工组织设计计算出各个清单项目的工程量，根据规定的方法计算出综合单价，并汇总各清单合价得出工程总价，即分部分项工程费=$\sum$（分部分项工程量×相应分部分项工程综合单价）。电网建设工程按照专业可划分为变电站建筑工程、变电站安装工程、输电线路工程以及配电网工程等。本章按照上述专业工程维度，分别对分部分项工程费计价中常见的争议及疑难问题进行深入分析，解析工程量计算规则，并提出问题解决建议，为分部分项工程的清单计价提供指导。

2.1　变电站建筑工程

2.1.1　土方工程量计算问题（QD-2.1-1）

【案例描述】

　　某500kV变电站"四通一平"（"四通"指施工现场要通水、通电、通路、通信通；"一平"指施工场地要平整）工程移交场地修整后的绝对标高（指建筑标高相对于国家黄海标高的高度，任何一地点相对于黄海的平均海平面的高差，称为绝对标高，这个标准仅适用于中国境内）（初平标高）为 275.00m；设计室外地坪的绝对标高为（终平标高）277.9m。结算时，施工单位以 277.9m 作为深度起点计算基坑土石方工程量；结算审核单位以 275.00m 作为深度起点计算基坑土石方工程量，并以现场地基验槽记录（见图 2-1）作为支撑依据。对此双方存在争议。

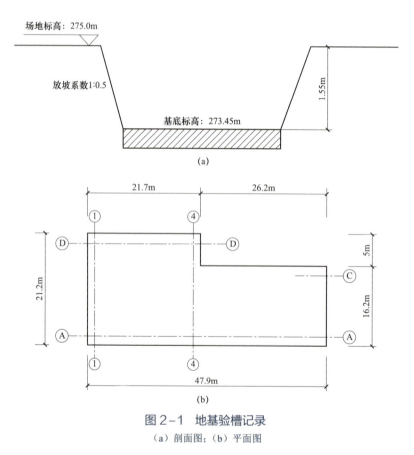

图 2-1　地基验槽记录

（a）剖面图；（b）平面图

【案例分析】

变电站工程工程量应按照 DL/T 5341—2021《电力建设工程工程量清单计

算规范　变电工程》所规定的工程量计算规则计算，其中基础土方开挖深度应按基础垫层底表面标高至交付施工场地标高确定；无交付施工标高时，应按自然地面标高确定。

一般情况下，交付施工标高为"四通一平"工作完成后建设单位交付给主体施工单位的进场现状标高，即初平标高为 275.00m，并且该标高有现场地基验槽记录作为支撑。

【解决建议】

按照 DL/T 5341—2021《电力建设工程工程量清单计算规范 变电工程》计算规则，基坑土石方工程量应以交付施工场地标高为开挖起点，即初平标高按275.00m 计算。

2.1.2　土石方工程量计算问题（QD-2.1-2）

【案例描述】

某变电站新建工程招标阶段采用 DL/T 5341—2021《电力建设工程工程量清单计价规范　变电工程》，招标内容包含电缆沟槽开挖土方（长 200m，沟槽尺寸为 0.6m×0.6m），招标工程量清单编制单位套用 A12 挖一般土方清单项，并将招标工程量清单项目名称修改为"电缆敷设开挖"，招标工程量清单设置见表 2-1。

表 2-1　招标工程量清单设置

项目编码	项目名称	项目特征	计量单位	工程量	备注
HT1102A12003	电缆敷设开挖	（1）土壤类别：黄土状粉土。 （2）沟槽尺寸：0.6m×0.6m	m³	××	沟槽土方开挖

审核单位认为电缆敷设开挖为挖坑槽土方、而非挖一般土方，应执行 A13 挖坑槽土方清单项目，且招标工程量清单项目名称不应修改，双方产生争议。

【案例分析】

DL/T 5341—2021《电力建设工程工程量清单计算规范　变电工程》中挖一般土方和挖坑槽土方的规定见表 2-2。

表 2-2   挖一般土方和挖坑槽土方的规定

编码	项目名称	项目特征	单位	计算规则	工作内容
A12	挖一般土方	（1）土壤类别。 （2）挖土平均厚度。 （3）含水率	m³	按设计图示尺寸，以体积计算工程量	（1）排地表水。 （2）土方开挖。 （3）围护（挡土板）拆除。 （4）基底钎探（在基础开挖达到设计标高后，按规定对基础底面以下的土层进行探察，探察是否存在坑穴、古墓、古井、防空掩体及地下埋设物等）。 （5）场内运输
A13	挖坑槽土方	（1）土壤类别。 （2）挖土深度。 （3）含水率	m³	按基础垫层底面积[无垫层者为基础（坑、槽）底面积]乘以挖土深度计算	（1）排地表水。 （2）土方开挖。 （3）围护（挡土板）拆除。 （4）基底钎探。 （5）场内运输。 （6）就地回填

沟槽、基坑、一般土（石）方的划分为：底宽小于或等于 7m 且底长大于 3 倍底宽为沟槽；底长小于或等于 3 倍底宽且底面积小于或等于 150m² 为基坑；超出上述范围则为一般土方。挖一般土方适用于设计室外地坪标高以上的挖土，挖坑槽土方项目适用于设计室外地坪标高以下的挖土。

该工程量清单的电缆沟槽宽度小于 7m，长度大于 3 倍底宽，根据 DL/T 5341—2021《电力建设工程工程量清单计算规范　变电工程》规定应属于沟槽，应执行"A13 挖坑槽土方"清单项目，因此 A12 不适用于本清单项。

【解决建议】

根据 DL/T 5341—2021《电力建设工程工程量清单计算规范　变电工程》规定，该工程电缆敷设开挖应为底宽小于或等于 7m 且底长大于 3 倍底宽的沟槽土方开挖，应执行 A13 清单项目。

2.1.3　杯型基础与钢管构支架清单项目问题（QD–2.1–3）

【案例描述】

某变电站建筑工程钢管构支架基础为杯型基础，设计要求杯芯采用 C35 细石混凝土二次灌浆（见图 2–2），招标工程量清单中杯型基础清单的项目特征中描述包括"二次灌浆"内容，钢管构支架清单项目的项目特征中同样描述了"二次灌浆"内容及对应的特征；造成同一工作内容在两项清单项目中的重复计列，造成结算争议。具体清单设置见表 2–3。

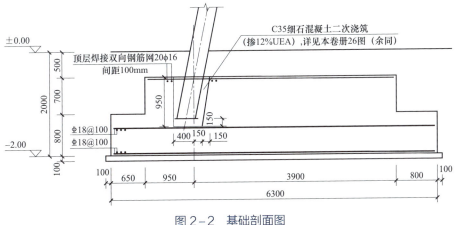

图 2–2　基础剖面图

表 2-3　　　　　　　　招 标 工 程 量 清 单

序号	项目编码	项目名称	项目特征	计量单位	工程量	备注
1	BT2206B14001	杯形基础	（1）垫层种类、混凝土强度等级、厚度：素混凝土 C15，100mm。 （2）基础混凝土种类、混凝土强度等级：钢筋混凝土 C30。 （3）支架混凝土保护帽：C30 混凝土。 （4）杯口底部细石混凝土找平：C35 混凝土。 （5）二次灌浆：C35 混凝土	m³	56.35	
2	BT2206K12001	钢管构支架	（1）构支架名称：镀锌支架。 （2）二次灌浆：C35 细石混凝土	t	5.353	

由以上招标工程量清单设置可知，杯型基础和钢管构支架清单中均描述了二次灌浆的项目特征，且特征一致，是同样工作内容的重复设置。

【案例分析】

根据 DL/T 5341—2021《电力建设工程工程量清单计算规范　变电工程》规定："杯型基础"清单项目的工作内容包括"铺设垫层、浇制基础、模板及支撑制作安拆等、杯心制作安装、二次灌浆、铁件制作安装"，因此二次灌浆费用应包含在"杯型基础"清单项目的综合单价中。主变压器构架执行"钢管构支架（不含土方基础构支架工程）"清单项，其清单项目的工作内容包括"构支架制作及安装、柱头与连接铁件安装、浇制混凝土保护帽、基础内钢管灌混凝土"，不包括二次灌浆的内容。清单计算规范内容见表 2-4。

表 2-4　　　　　　　清 单 计 算 规 范 内 容

编码	项目名称	项目特征	单位	计算规则	工作内容
CB04	杯形基础	（1）基础材质。 （2）混凝土强度等级。 （3）混凝土种类	m³	按照基础体积计算；不扣除杯芯体积，不计算垫层体积	（1）铺设垫层。 （2）浇制基础。 （3）模板及支撑制作、安拆。 （4）杯芯制作安装。 （5）二次灌浆。 （6）铁件制作、安装

续表

编码	项目名称	项目特征	单位	计算规则	工作内容
CJ09	钢管构（支）架	（1）类型，构架，支架。 （2）不含土方与基础	m³	按照钢管构（支）架质量计算，计算钢管构支架中的铁件、连接件、螺栓、法兰、预埋U型螺栓等质量	不含土方基础构支架工程： （1）构支架制作安装。 （2）柱头与连接铁件安装。 （3）浇制混凝土保护帽。 （4）基础内钢管灌混凝土

基于以上分析，该工程招标工程量清单中的项目特征未严格按照清单计算规范规定的项目特征及工作内容设置，其二次灌浆的工作内容重复设置。

招标工程量清单应包括工程所需的项目特征，但清单项目的项目内容应遵守相应的清单计算规范要求，不应在清单工作内容基础上额外增加其他工作内容，导致工作内容的重复计列。

【解决建议】

根据 DL/T 5341—2021《电力建设工程工程量清单计算规范　变电工程》规定：该工程结算时扣除"杯型基础"清单项目中的"二次灌浆"费用；后期同类清单项目在招标清单编制中应严格按照工程量清单计算规范要求的项目特征和工作内容进行编写。

2.1.4　杯型基础二次灌浆及构架保护帽费用计列问题（QD-2.1-4）

【案例描述】

某变电站工程执行 DL/T 5341—2021《电力建设工程工程量清单计算规范　变电工程》，其中主变压器电站构架基础为杯型基础，根据设计要求主变压器电站构架安装后应采用 C35 细石混凝土二次灌浆、浇制 C15 混凝土保护帽；结算过程中，施工单位在杯型基础清单项按照杯型基础工程量上报费用，另外新增清单上报二次灌浆及保护帽费用；结算审核过程中，审核单位认为二次灌浆及保护帽已包含在对应清单工作内容中，不予增加。

【案例分析】

根据 DL/T 5341—2021《电力建设工程工程量清单计算规范 变电工程》规定："杯型基础"清单项目的工作内容包括"铺设垫层、浇制基础、模板及支撑制作安拆、杯心制作安装、二次灌浆、铁件制作安装"，其费用应包含在"杯型基础"清单项目综合单价中；主变压器构架执行"钢管构支架（不含土方基础构支架工程）"清单项，其清单项目的工作内容包括"构支架制作及安装、柱头与连接铁件安装、浇制混凝土保护帽、基础内钢管灌混凝土"，因此保护帽的费用应包含在构支架清单项目中，不予单独计列。

【解决建议】

DL/T 5341—2021《电力建设工程工程量清单计算规范 变电工程》是投标人投标报价的依据，投标人的投标综合单价应为完成该清单所有工作内容的费用，因此二次灌浆费用应包含在"杯型基础"清单项目中，保护帽的费用应包含在构支架清单项目，不应单独计列。

2.1.5 桩基工程量计算问题（QD-2.1-5）

【案例描述】

某 220kV 变电站新建工程设计文件采用钢筋混凝土预制桩基础，施工单位按照设计图示桩长计算全部桩基工程量并上报费用；审核过程中，审核单位依据现场打桩记录中的桩长重新核定工程量，核减工程量 256m³。

【案例分析】

桩的长度与打桩位置的地基情况有关，设计文件中桩长一般是根据地质勘查报告设计的平均桩长，结算中需要根据现场打桩记录核实每根桩的桩长，计算钢筋混凝土预制桩工程量。打桩记录示意图如图 2-3 所示。

序号	桩号	孔口标高(m)	有效桩长(m)	桩顶标高(m)	孔深（m）		钻孔时间		钢筋长度(m)	吊筋长度(m)	沉渣厚度(mm)	泥浆比重	灌注时间		灌注方量		混凝土坍落度(mm)	充盈系数	附注
					设计	实际	自	至					自	至	设计	实际			
1	18	3.42	25	0.95	27.47	27.80	10:58	12:50	25	2.47	70	1.17	15:10	16:00	7.06	8.0	210	1.13	
2	78	3.53	25	0.95	27.58	27.80	13:40	15:30	25	2.58	60	1.18	19:10	19:40	7.06	9.0	200	1.27	
3	226	3.55	25	0.95	27.60	27.83	19:30	21:00	25	2.6	60	1.18	22:30	23:00	7.06	9.0	200	1.27	
4	285	3.6	25	0.95	27.65	27.90	23:30	1:00	25	2.65	70	1.19	2:00	2:35	7.06	8.5	190	1.20	

图 2-3　打桩记录示意图

【解决建议】

隐蔽工程的工程量审核是建筑工程工程量审核的重点和难点，桩基工程也属于隐蔽工程，应重点关注。钢筋混凝土预制桩的工程量应依据现场打桩记录计算。

2.1.6　换填工程量计算问题（QD-2.1-6）

【案例描述】

某变电站工程位处地基薄弱地带，设计文件要求采用砂石换填进行地基处理；图纸中仅标示换填的要求及宽度范围，无换填具体深度，施工单位上报 1232m³；结算中审核单位依据隐蔽工程验收记录以及监理确认的现场工程量确认单确定换填深度，并计算工程量，核定换填工程量 894m³。

【案例分析】

根据 DL/T 5341—2021《电力建设工程工程量清单计算规范 变电工程》，

换填以设计图示尺寸按照体积计算工程量，由于换填深度与工程现场实际地基情况有关，设计图纸中一般仅描述换填要求、宽度范围，换填深度应以现场实际发生为准。换填图纸说明为：天然基础持力层黏土及一下土层，承载力特征值不小于 160kPa。基础底铺级配砂石垫层 300mm 厚，压实系数大于 0.95。如遇不良地质，可用砂垫层从老土回填至基地，垫层每边比基础宽 300mm。最大换填厚度不应超过 2m，且应分层夯实，每层厚度不大于 300mm，且应分层夯实，每层厚度不大于 300mm，压实系数不小于 0.95。

从图纸设计说明可知，具体是否进行换填，换填的具体厚度需要根据现场实际情况确定，设计图纸中无具体的设计要求。因此，工程量计算时应依据现场资料，包括经四方确认的现场工程量确认单、隐蔽工程验收记录（见图 2-4）等作为结算依据。

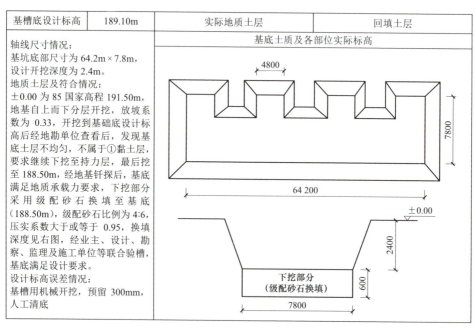

图 2-4　隐蔽工程验收记录

在该案例中根据图示地基验槽记录，换填宽度为基础宽度 7.8m，换填深度为 400mm，以此计算的工程量应作为该工程换填的结算工程量。

【解决建议】

根据清单计算规范规定，换填以设计图示尺寸以体积计算工程量，由于换填深度与工程现场实际地基情况有关，设计图纸中一般仅描述换填要求、宽度范围，换填深度应以现场实际发生为准。因此，结算时应辅以施工单位、设计单位、监理单位、业主项目部四方确认的现场工程量确认单、隐蔽工程验收记录等作为依据。

【延伸思考】

隐蔽工程工程量计算的准确性逐渐成为各项检查的重点，不仅涉及换填工作，还包括地基砂石回填、土方开挖、基坑支护、地下混凝土浇筑、施工降水等内容。在施工过程中应做好隐蔽工程记录、监理旁站等工作，留存好现场施工影像资料等作为工程量计算的依据。

2.1.7　基础垫层下毛石混凝土换填问题（QD-2.1-7）

【案例描述】

某工程设计图纸中明确设备基础垫层下设置有毛石混凝土，在结算过程中，施工单位认为应将毛石混凝土并入混凝土基础中，计算挖土方时按照毛石混凝土底面积及毛石混凝土底标高至室外地坪标高计算体积；审核单位认为毛石混凝土应作为地基换填工程，应计入该工程的换填清单项目。

【案例分析】

该案例中问题源于不同专业人员对地基处理和垫层理解的分歧。垫层下毛石混凝土应属于地基处理工程，应套用原工程量清单中"换填"清单项目；同时，根据清单计算规范，"换填"清单项目工作内容中已包含"换填土方的挖填"，不应再单独计算挖土方工程量。

【解决建议】

专业人员应明确基础垫层与地基处理的区别。在应用工程量清单计算规范的过程中，应将毛石混凝土计入"换填"清单项目，同时不再单独计列换填对应的挖土方工程量。

2.1.8　复杂地面中室内电缆沟道清单项目问题（QD-2.1-8）

【案例描述】

某变电站新建工程，招标工程量清单中"复杂地面"工程量清单的项目特征描述包含设备基础及室内电缆沟。结算过程中，施工单位根据施工图设计要求增列"室内电缆沟"清单项目，要求计列室内电缆沟相关费用。

审核单位认为：按照 DL/T 5341—2021《电力建设工程工程量清单计算规范　变电工程》规定，"复杂地面"工程量清单项目工作内容已包含室内电缆沟。根据 DL/T 5745—2021《电力建设工程工程量清单计价规范》规定，清单的费用应为完成本条清单所有工作内容的费用，因此室内电缆沟费用已包含在复杂地面对应清单的综合单价中，不应单独计列。

【案例分析】

根据 DL/T 5341—2021《电力建设工程工程量清单计算规范 变电工程》中"CC04 复杂地面"对应工作内容包含浇制地坑、沟道与隧道。本条清单"注"

中明确指出：复杂地面工程包括地面土层夯实、铺设垫层、抹找平层、做面层与踢脚线（包括柱与设备基础周围），包括浇制室内设备基础（非单位计算的室内设备基础）、支墩、地坑、集水坑、沟道与隧道，包括砌筑室内沟道、预埋铁件、浇制室外散水与台阶及坡道、浇制或砌筑室外明沟等工作内容。清单计算规范见表 2－5。

表 2－5　　　　　　　　　清 单 计 算 规 范

项目编码	项目名称	项目特征	计量单位	工程量计算规则	工作内容
CC04	复杂地面	面层材质：水泥砂浆、水磨石、混凝土、地砖、环氧树脂耐磨自流平涂料、环氧砂浆耐磨、橡胶地板、其他	m²	按照建筑轴线面积计算。不扣除设备基础、柱、沟道、地坑、支墩等所占面积	（1）土层夯实。 （2）浇制非单独计算的室内设备基础、支墩、楼梯基础。 （3）浇制地坑、沟道与隧道。 （4）铺设垫层。 （5）模板及支撑制作、安拆等。 （6）找平层。 （7）防潮层。 （8）抹踢脚线。 （9）铺设面层。 （10）浇制室外台阶、坡道。 （11）散水、明沟。 （12）铁件制作、安装

注　复杂地面工程包括地面土层夯实、铺设垫层、抹找平层、做面层与踢脚线（包括柱与设备基础周围），包括浇制室内设备基础（非单独计算的室内设备基础）、支墩、地坑、集水坑、沟道与隧道，包括砌筑室内沟道、预埋铁件、浇制室外散水与台阶及坡道、浇制或砌筑室外明沟等工作内容。

根据以上规定，室内电缆沟已经明确包含在复杂地面工程中了，在计列复杂地面费用的同时，不应重复计列室内电缆沟相关费用。

【解决建议】

针对该项目室内电缆沟道费用重复计列的问题，根据 DL/T 5341—2021《电力建设工程工程量清单计算规范　变电工程》的解释，并考虑到招标工程量清单项"复杂地面"招标人控制价及施工单位投标报价均已包括室内电缆沟道相关费用，故不予另行结算费用。

【延伸思考】

复杂地面是一个综合性的清单项目，根据 DL/T 5341—2021《电力建设工程工程量清单计算规范　变电工程》规定，"复杂地面"的清单工作内容中包括了地面上非单独计算的室内设备基础，即此条规定明确，除单独计算的设备基础外其余涵盖内容均已包含在清单综合单价中。

DL/T 5341—2021《电力建设工程工程量清单计算规范　变电工程》中未对单独计算的设备基础进行明确。结合《电力建设工程概算定额使用指南　建筑工程》中相关规定：汽轮机房、除氧间地下设施定额子目适用于汽轮机房、除氧间、排外披屋、固定端与扩建端披屋的地下设施工程，汽轮机房和除氧间执行同一地下设施定额，不包括汽轮发电机基础、凝结水泵坑、循环水泵坑、给水泵基础等单独计算的主要辅机设备基础及泵坑设施。凝结水泵坑、循环水泵坑按照底板、侧壁、顶板、柱的定额单独计算。根据此条规定，单独计算的设备基础主要为电源项目发电厂建筑工程中的大型设备基础，电网工程中较少涉及相关内容；除换流站工程中调相机机房外，其余工程中一般不存在单独计算的设备基础。因此在大部分电网建设工程中，复杂地面费用中应包含了地面中所有的非单独计算的设备基础（非单独计算的室内设备基础）、支墩、地坑、集水坑、沟道与隧道，包括砌筑室内沟道、预埋铁件、浇制室外散水与台阶及坡道、浇制或砌筑室外明沟等工作内容的费用，相关费用不应重复计列。

2.1.9　防水工程量计算问题（QD-2.1-9）

【案例描述】

某变电站新建工程的设计图纸要求地面采用聚氨酯防水涂膜。依据设计规范，地面防水需上翻墙面 300mm；结算时，施工单位将上翻至墙面部分的工程量计入立面防水清单项目，结算审核单位认为上翻部分也应计入地面防水清单项目中。卷材防水图集剖面图如图 2-5 所示。

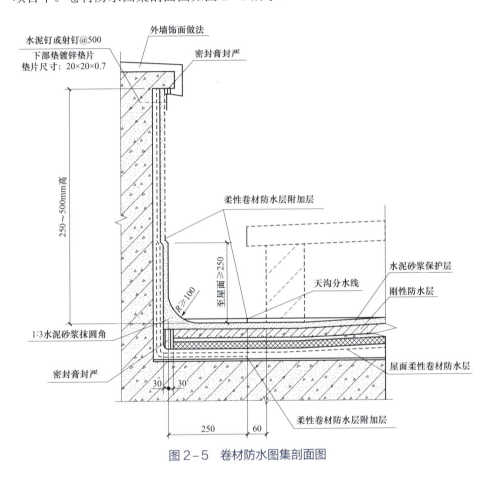

图 2-5　卷材防水图集剖面图

【案例分析】

依据 DL/T 5341—2021《电力建设工程工程量清单计算规范 变电工程》，地面防水应以主墙间净面积计算工程量，且地面与墙面连接处高度在 500mm 以内的防潮、防水层按照展开面积计算工程量，并入地面工程量内；高度超过

500mm 时，按照立面防潮、防水层计算工程量。该工程地面防水上翻至墙面高度为 300mm，应计入地面工程量。

【解决建议】

根据 DL/T 5341—2021《电力建设工程工程量清单计算规范 变电工程》规定，上翻部分高度在 500mm 以内，应按照展开面积计算工程量，并入地面防水工程量内。

2.1.10　墙面屏蔽钢丝网的预埋铁件计量问题（QD-2.1-10）

【案例描述】

某变电站工程，继电保护室等建筑物根据设计要求需要铺设屏蔽钢丝网，屏蔽钢丝网与墙面采用预埋铁件加焊接的方式进行连接。招标时，招标工程量清单中开列了"屏蔽网"清单项，项目特征中描述了屏蔽网的材质及规格，清单计量单位为"m^2"。

结算时施工单位申报墙面屏蔽钢丝网的预埋铁件工程量 12t，报审 9 万元；审核单位认为其费用应包含在墙面屏蔽钢丝网综合单价中，因此予以核减。

【案例分析】

在审核过程中查阅相关定额及施工单位报价，可以判断墙面屏蔽钢丝网的预埋铁件已包括在墙面屏蔽钢丝网的综合单价中，属于屏蔽网的安装内容之一，因此不应该重复计列此项费用。

【解决建议】

根据相关计价规范，墙面屏蔽钢丝网的预埋铁件应该包括在墙面屏蔽钢丝网的综合单价中，不应该单独再计算此费用。

2.1.11　室外散水、台阶费用是否新增（QD−2.1−11）

【案例描述】

某变电站工程，根据施工图设计要求，室外设置散水、台阶。结算过程中施工单位新增散水、台阶清单项目，增列相关费用；结算审核单位认为散水、台阶的费用已包含在地面工程量清单项目综合单价中，不应单独计算。

【案例分析】

DL/T 5341—2021《电力建设工程工程量清单计算规范 变电工程》规定：普通地面的工作内容包括土层夯实、浇制支墩、浇制过门地沟、铺设垫层、模板及支撑制作/安拆等、找平层、防潮层、抹踢脚线、铺设面层、浇制室外台阶/坡道、散水/明沟、铁件制作及安装（具体见表 2−6）。

表 2−6　　　　　清 单 计 算 规 范

项目编码	项目名称	项目特征	计量单位	工程量计算规则	工作内容
CC05	普通地面	面层材质 踢脚线材质	m²	根据面层材质，按照建筑轴线面积计算，不扣除柱、过门地沟、支墩等所占面积	图层回填及夯实 浇制支墩 浇制过门地沟 铺设垫层 找平层 防潮层 抹踢脚线 铺设面层 浇制 室外台阶、坡道 散水、明沟 铁件制作、安装

根据以上规定，"普通地面"清单项目工作内容中包括散水、台阶、明沟。因此散水、台阶的费用已经包含在"普通地面"清单项目综合单价中，不应重

复计算。

【解决建议】

按照清单计算规范规定，室外散水、台阶费用应包含在地面的清单综合单价中，不应单独计算。

2.1.12 混凝土梁板柱扣减原则（QD-2.1-12）

【案例描述】

某变电站工程结算过程中，施工单位报送结算时梁板柱的扣减未按照清单计算规范要求的柱梁板界限进行计算，虽然混凝土总量一致，但各单项工程量不一致。

【案例分析】

根据 DL/T 5341—2021《电力建设工程工程量清单计算规范 变电工程》，矩形柱的工程量计算规则为：按照柱体积计算。柱高从基础顶标高计算至柱顶，体积=柱体积+柱牛腿体积。矩形梁的工程量计算规则为：按照梁体积计算，梁高计算至板顶，与柱连接的梁长度计算至柱内侧，体积=梁体积+梁挑耳体积。有梁板的工程量计算规则为按照图纸尺寸以立方米（m^3）为单位计算工程量，不扣除钢筋、铁件和螺栓所占体积，不扣除单个面积 $0.3m^2$ 以内孔洞所占体积，预留孔所需工料也不增加。该案例中，施工单位报送工程量未按照工程量清单计算规范的要求计算至规定的界面，导致工程量计算有误。

【解决建议】

对于框架结构的变电站建筑，钢筋混凝土工程是工程费用的主要部分，需要在工程量计算过程中严格执行清单规范的规定，保证工程量计算的准确性。

2.1.13　甲供物资界面划分问题（QD-2.1-13）

【案例描述】

某变电站工程的屋面板、装配式墙体由甲方采购，其安装由物资供应厂家负责，施工单位仅负责混凝土结构、钢结构部分的施工内容；结算过程中，施工单位上报落水管制作及安装费用，结算审核单位认为其费用已含在甲供物资范围内，不应新增。

【案例分析】

该案例中涉及施工单位与物资供应单位界面划分问题，经核实物资供应单位招标文件的要求，屋面板、装配式墙体的合同内容包括落水管的材料及制作安装费用，具体见表 2-7。

表 2-7　　　　　　　　　　物资供应单位招标文件要求

建筑物	工程量	墙体	位置	备注
极 1、极 2 低端阀厅（1 座）	1100	墙体 1	阀厅靠直流场侧墙面	包含：2mm 厚不锈钢天沟、外包彩色镀铝锌钢板（应包含天沟型钢支架、封檐板型钢支架）、彩色自攻自钻螺钉（外板为防水型）、变形缝处理、防雷接地材料、洞口包边、封堵材料、泡沫堵头、与连接有关的辅助钢构件、盖缝板、各建筑物屋面检修爬梯及屋面巡视走道、钢结构雨篷、彩铝雨落水管件及其附件管径 DN100、空调冷凝水管及其附件管径 DN50、其他压型钢板配套辅材辅件。
	1100	墙体 2	阀厅控制楼侧墙面	
	1675	墙体 3	阀厅背靠背防火隔墙	
	3185	墙体 4	阀厅换流变侧防火墙+勒脚内侧墙体	
	140	墙体 6	阀厅防火墙转角处端墙	
	50	墙体 7	阀厅背靠背防火墙出屋面部分墙体	
	3750	屋面 1	全屋面	

通过表 2-7 可知，合同内容中包括彩铝雨落水管件及其附件管径 DN100材料费及安装费，因此其费用应包含在甲供物资中，不应由施工单位施工，亦

不能计列相关费用；若现场实际由施工单位代为安装，其费用也应由物资供应单位支付，不应计入该工程施工费用。

【解决建议】

落水管材料费及安装费已包含在甲供物资费用中，不应再计入该工程施工费用；结算中要注意检查物资合同中约定的供应商工作内容，避免施工费用的重复计列。

2.2　变电站安装工程

2.2.1　主变压器冬季施工数量变化问题（QD-2.2-1）

【案例描述】

某变电站工程安装主变压器共 7 台，初步设计批复后开展招标工作，在编制招标文件时，考虑到工期存在不确定性，可能会导致主变压器在冬季安装施工的台数发生变化，因此经过讨论后决定将冬季特殊施工措施费综合计入主变压器安装综合单价；按照招标单位提供的进度计划考虑主变压器全部为冬季安装；但由于各投标单位预计实际工期会有所调整，主变压器冬季安装台数可能会减少，因此大部分投标单位采取了不平衡报价策略，从而引起投资控制风险。

【案例分析】

项目没有达到施工图深度就进行工程量清单招标的项目，清单工程量只能作为投标单位投标报价或招标单位的评标依据，施工图纸的实际工程量相比于招标工程量肯定会发生变化；招标文件编制时，对此情况可能引起的不平衡报价未深入考虑和管控。

此案例还反映出部分招标工程量清单编制人员的专业能力和投资管控意识有待提升。一是对招标工程量的合理性把控能力，由于工程项目建设的复杂性，虽然招标工程量计算不能达到施工图深度，但是尽量控制合理的偏差幅度，以免造成造价的不可控；二是专业人员风险管控意识有待提高，技术经济人员应对技术指标产生的造价管控影响保持一定的敏感性。

【解决建议】

加强清单工程量提资依据审查。重点审查清单工程量是否依据最新的终勘成果形成；审查与类似已投产工程施工图工程量的对比分析情况；审查工程量计算规则是否符合清单规范或招标文件规定。

加强清单工程量变动对费用结算影响的预判。对招标时确实无法准确提资，且施工图工程量可能产生较大变化的条目，应事先研究确定合理的招标工程量确定原则、发包方式、评标办法和结算条款等，尽可能消除不平衡报价等问题带来的投资控制风险。

2.2.2 控制电缆结算量图纸与清册不对应问题（QD-2.2-2）

【案例描述】

某220kV变电站新建工程中，电气二次系统的设备材料表中有4m×4m控制电缆1800m、10m×4m控制电缆950m，但在电缆清册中，上述电缆工程量为1200m、1300m，即图纸详图与设备材料表汇总结果矛盾。

【案例分析】

经结算审核单位查实，该工程电缆实际使用量与设备材料表用量相符；由于设计单位出版竣工图时只按实际用量修改了设备材料表但未修改电缆清册，导致图纸电缆量不对应。结算审核单位基于现场实际发生的情况，要求设计单位按现场实际工作量修改图纸电缆清册对应内容，并据此结算。

根据清单计量规范，在遇到详图与设备材料表汇总结果矛盾时，原则上应按详图量计算，但结算审核原则优先以现场实际情况为准。

【解决建议】

该案例的结算涉及到图纸错误工程量的修正，对造成此错误的参建各方，提出如下建议：

（1）设计单位。编制竣工图时应同时修改详图参数及注释、设备材料表、设计说明等所有相关内容。对于施工单位提供的竣工草图修改内容，不做采纳的项目及原因应通报给各参建单位。

（2）施工单位。应根据现场施工情况，将竣工草图中所有需要修改内容标示清楚后及时提供给设计单位；杜绝为追求省事，只提供修改后设备材料汇总表而不修改详图的做法。

（3）结算审核单位。根据公开、公平、公正的原则，当发现工程量矛盾时，应首先向各参建单位反馈问题，明确错误产生的原因，再根据具体情况选择处理方法。

【延伸思考】

竣工详图与设备材料表中材料用量不一致的问题，是各类项目都经常遇到的问题。这个问题首要责任单位是设计单位，而根源在于设计深度不足。由于电力工程设计难度较高，目前无法达到民用建筑设计图纸的精准程度，在材料安装上的设计深度通常是示意图，然后再由设计人员根据自身经验考虑一些裕度后列入设备材料表，因此可能造成"散总不符"的情况。

实际工程中，施工单位根据现场情况可能会对图纸局部设计内容进行微调；但做工程记录时，施工单位通常更关注结果而忽略过程，即只记录变化后的材料用量，但不记录详图的设计参数变化，导致竣工草图出现"散总不符"的情况。此外，设计单位往往对竣工草图的修改意见进行选择性采纳，因此容易出现工程量矛盾的现象。

2.2.3　投光灯安装数量问题（QD-2.2-3）

【案例描述】

某工程投光灯在施工图中有两种型号，单头投光灯和双头投光灯，如图 2-6 所示。招标时投光灯工程量清单未描述项目特征，因此施工单位在投标报价时

图 2-6　单头投光灯和双头投光灯示意图

进行综合考虑均按 1 套进行报价；结算时，施工单位要求双头投光灯应按 2 套计算。结算审核单位认为在未改变招标清单项目特征的前提下，应执行已标价工程量清单中投光灯项目综合单价。双方就双头投光灯工程量计算规则发生争议。

【案例分析】

（1）《电力建设工程预算定额 – 电气设备安装》第 9 章工作内容说明：测量、定位、基坑开挖、基础安装，组立，灯具及附件安装、接线试亮。

（2）合同条款第 15.4.1 条：已标价工程量清单中有适用于变更工作的子目的，采用该子目的单价。

【解决建议】

双头投光灯与单头投光灯除灯头安装数量不同外，其他工作内容均一致，且套用的定额也为同一个项。在招标清单项目特征未发生变化的情况下，安装费无论单头还是双头均按 1 套计算。故投光灯安装费应执行已标价工程量清单中投光灯项目综合单价。

【延伸思考】

工程量计算规则存在争议时，应深入研究现行规范、招标文件约定、投标报价组成，进而确定合理的工程量计算规则。

2.2.4　接地长度争议处理问题（QD–2.2–4）

【案例描述】

某换流站工程施工单位完成接地工程施工后（见图 2–7），在分部结算送

审工程量中，接地材料按施工图纸材料表计算长度；审核单位根据合同规定按
竣工图计算长度，初步审核核减工程量 2187m，核减施工结算安装、材料费用
10 万元。双方就接地材料长度发生争议。

图 2-7　接地工程现场施工图

【案例分析】

（1）DL/T 5341—2021《电力建设工程量清单计价规范变电工程》中规定：
接地长度计算规则为按设计图示数量计算。

（2）《电力建设工程预算定额使用指南　第一册　建筑工程》第二条第（四）
条第 5 款规定：避雷网、接地母线敷设按照设计图示敷设数量以延长米为计量
单位计算工程量；计算长度时，按照设计图示水平和垂直规定长度 3.9% 计算附
加长度（包括转弯、上下波动、避绕障碍物、搭接头等长度），当设计有规定
时，按照设计规定计算。

（3）《电力建设工程概（预）算定额第三册电气设备安装工程》《电力建设

工程概（预）算定额使用指南 第三册 电气设备安装工程 通信工程 调试工程》未对室外接地母线的工程量计算规则进行明确。

（4）《全国统一安装定额》规定：避雷网及接地母线工程量按施工图设计水平和垂直长度另加 3.9%的附加长度计算。

【解决建议】

接地材料送审工程量 35 694m，经初步审核，竣工详图统计的接地材料水平长度、垂直长度之和为 33 507m。送审单位认为，电气安装定额的工程量计算规则未明确附加长度计算规则，而初步审核长度中未考虑转弯、上下波动、避绕障碍物、搭接头等附加长度。

经查证，电气安装定额中确无附加长度描述，在电气建筑工程定额与《全国统一安装定额》中均未对附加长度的内容和计算方式有明确规定。经向设计人员求证，确认原设计图纸中未考虑各种附加长度导致的接地材料增加量，因此本次结算审核按 3.9%计算接地材料附加长度执行。最终审核结果：送审工程量为 35 694m，送审金额为 227.9 万元；核定工程量为 34 407m，核定金额为221.8 万元；核减工程量 1287m，核减 6.1 万元。

【延伸思考】

对争议问题的处理，在依据合同规定执行的同时，应适当结合现场实际情况进行考虑。对于现有标准计算规则不够明确时，可适当参考其他已明确计算规则的标准作为补充依据。

建议《电力建设工程概（预）算定额 第三册电气设备安装工程》在后续修编时明确附加长度计算规则，进而避免结算争议。

2.2.5　送配电分系统调试工程量计算规则（QD-2.2-5）

【案例描述】

某工程配电装置采取 3/2 断路器接线，由主变压器进线间隔、线路出线间隔、分段间隔、母联间隔等间隔组成，各间隔均配置断路器，如图 2-8 所示。施工单位提出送配电设备调试数量应按各电压等级的断路器数量进行计算；审核单位认为应按线路出线数量进行计算。对此双方产生争议。

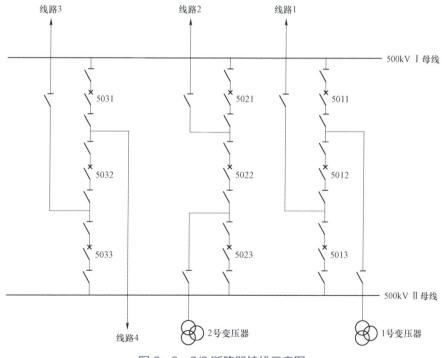

图 2-8　3/2 断路器接线示意图

【案例分析】

该工程施工合同专用条款中约定：计量方法（补充）：合同的单价承包部分结算工程量依据审定的施工图工程量（包括发包人认可的设计变更、签证）计算；《电力建设工程工程量清单计价规范》关于工程量计算的计算原则和《电网工程建设预算编制与计算规定》的配套定额计算原则不一致时，以《电网工程建设预算编制与计算规定》的配套定额计算原则为准。

《电力建设工程预算定额使用指南 第四册 调试工程》规定：送配电设备分系统调试以"系统"为计量单位，根据线路出线数量计算，包括二次系统及保护调试。

【解决建议】

根据该工程合同条款的约定，应根据定额指南规定的工程量计算规则，按"线路出线数量计算"确定工程量，并采用投标报价中综合单价确定安装费用。

【延伸思考】

采用工程量清单招标时，工程量计算规则应按清单规范及配套文件执行。当有适用文件时必须执行，不能无视现有标准而引用其他文件。

2.2.6　GIS局部放电耐压特殊试验预留间隔案例（QD-2.2-6）

【案例描述】

某新建变电站编制招标限价阶段，限价编制单位与限价审查单位就

220kV GIS 设备的预留间隔（见图 2－9）是否应计算局部放电耐压试验产生争议。

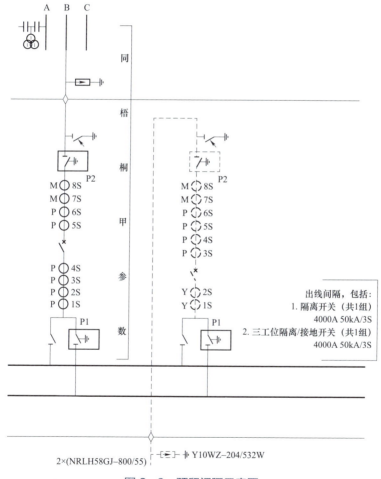

图 2－9　预留间隔示意图

【案例分析】

根据《电力建设工程预算定额 第六册 调试工程》，GIS（HGIS，PASS）的耐压、局部放电试验定额以"间隔"为计量单位，包括带断路器间隔和母线设备间隔。该定额已包含组合电器内断路器及互感器的耐压、局部放电试验，不再重复执行断路器及互感器耐压、局部放电试验定额；3/2 断路器接线布置的，按断路器台数计算间隔数量。

【解决建议】

GIS（HGIS，PASS）的耐压、局部放电试验定额工程量以带断路器间隔和母线设备间隔的数量计算，由于该案例 GIS 预留间隔只安装母线及母线侧隔离开关、未安装间隔内断路器及其他设备，因此不需要套用耐压、局部放电试验定额。

【延伸思考】

目前国内对本期只安装母线及母线侧隔离开关、不安装间隔内断路器及其他设备的 GIS 间隔，有些地区称其为备用间隔、有些地区称其为预留间隔。某些地区的备用间隔特指本期已上期全部设备、随时可投入使用的间隔。该案例采用《2006 年电力建设工程定额使用指南（补充本）》定义，将其称为预留间隔。

2.2.7　GIS 预留间隔 SF₆ 气体特殊试验的案例（QD-2.2-7）

【案例描述】

某新建变电站工程,220kV 配电装置新建 GIS 设备中包含两个预留间隔(本期仅安装母线及母线侧隔离开关，远期安装断路器），结算时对该预留间隔是否计算 SF_6 气体综合试验特殊调试产生争议。

【案例分析】

依据 GB 50150—2016《电气装置安装工程电气设备交接试验标准》、Q/CSG 1205019—2018《南网电力设备交接验收规程》，GIS 设备需要开展 SF_6 气体泄漏试验、SF_6 气体的露点试验、SF_6 气体成分分析等工作。

GIS 气体试验 YS7-116 不带断路器间隔定额适用于母线设备间隔（TV 间隔）。

【解决建议】

由于该案例中 GIS 设备的预留间隔本期只上母线及母线侧隔离开关，相关气体调试工程量已考虑在 GIS 母线气体综合试验之中，因此不需要再计算 YS7-116 气体试验的费用。

2.2.8 一般乙供材料采购材料费用（QD-2.2-8）

【案例描述】

某工程中，施工单位投标报价时将引下线、跳线、设备连引线作为重要乙供材料报价，计入暂估价中，未按一般乙供材料将其材料费包含在投标中报价；结算时，施工单位要求将引下线、跳线、设备连引线视为软母线，按重要乙供材料处理，提出按实际采购材料费结算的申请。

【案例分析】

施工合同通用条款中约定：承包人提供的材料和工程设备委托承包人采购的设备、材料中，电缆、金具、接地材料、软母线、管母线、绝缘子属于重要乙供材料；其他属于一般乙供材料。重要乙供材料由建设管理单位负责招标技术文件及投标人资质业绩要求审查，电气安装承包人应将重要乙供材料的招标方案报建设管理单位认可、备案，并邀请建设管理单位参与评标工作，评标结果需报建设管理单位备案。

根据《电网工程建设预算编制与计算规定》的相关规定：引下线、跳线、设备连引线在材料属性中不能归于软母线。

【解决建议】

解决建议包括：

（1）结算时分清材料属性和类型，重要乙供材料应按照承包人报送建设管理单位及监理人审批的材料和工程设备的名称、规格、供货人、数量，依据实际的购货合同及发票据实结算。

（2）引下线、跳线、设备连引线属于一般乙供材料，在报价中应计列材料费；结算时不应按重要乙供材料结算。

（3）一般乙供材料未列入材料费视为让利，结算时不予补列。

【延伸思考】

基于该工程的合同约定，投标报价时如未报一般乙供材料的材料费，结算时应视同让利，不予结算。

2.3 输电线路工程

2.3.1 主材工地运输费（QD‐2.3‐1）

【案例描述】

某 110kV 架空输电线路工程编制招标控制价时，甲供主材、乙供主材均计算了工地运输费，编制单位认为输电线路主材均应计算工地运输费。审核单位认为甲供主材已计算配送费，不应另计工地运输；乙供主材价格已包含运输费用，也不应另计工地运输。

【案例分析】

输电线路工程甲供材料运输到达施工现场有三种情况，第一种情况：厂家发货到集中仓库，由施工单位从集中仓库运回材料集散仓库，再由集散仓库运至施工现场，此种情况较为常见；第二种情况：厂家发货到集中仓库，由施工单位从集中仓库运至施工现场；第三种情况：厂家直接送到施工现场。

针对以上三种情况运输费的计算分别如下：第一种情况：施工单位从集中仓库运回材料集散仓库，这一阶段应按甲供材料价值计算配送费；根据《电力建设工程概预算定额使用指南 第五册 输电线路工程》的规定，输电线路工程中各种材料从工地集散仓库（材料站）到杆塔位的运输费用，执行工地运输定额子目，因此由集散仓库运至施工现场，应按材料质量套用工地运输定额子目计算工地运输费。第二种情况：施工单位从集中仓库运至施工现场，也应按材料质量套用工地运输定额子目计算工地运输费。第三种情况：厂家直接送到施工现场，施工单位仅需要装卸材料，因此仅需计算卸车保管费，如现场发生二次运输，按材料质量套用工地运输定额子目计算工地运输费。

输电线路工程乙供材料包括砂、石等建筑材料以及其他乙供材料。砂、石等建筑材料一般采用地方材料信息价计算费用，信息价中已经包含一定运距的汽车运输，但不包含人力运输；如果实际运距超出信息价包含的运距时另行计算超出部分的运费；如未超运距，则按照信息价计算；除砂、石等建筑材料以外的其他乙供材料，一般由厂家发货至材料集散仓库，根据《电力建设工程概预算定额使用指南 第五册 输电线路工程》的规定，执行工地运输定额子目，因此乙供材料按材料质量套用工地运输定额子目计算工地运输费。

工地运输是指定额未计价材料、设备自工地集散仓库（材料站）运至沿线各杆、塔位的装卸、运输及空载回程等全部工作。工地运输方式分为人力、拖拉机、汽车、船舶、索道五种。

工地运输的运输地形应按运输路径的实际地形来划分，运输地形不等同于工程地形，但人力运输的路径可以参考工程地形。

工地运输平均运距的计算分为人力、车船和索道运距。

（1）人力运输平均运距。平均运距计算公式：

$$Y_j = \sum L_j R_j K \div \sum L_j$$

式中 Y_j ——平均运距，km；

   L_j ——各段线路材料量，以各段线路长度为代表；

   R_j ——各段线路材料的人力运输直线距离；

   K ——弯曲系数；

   j ——段数。

其中：各段线路材料量以各段线路长度为代表；弯曲系数指受地形、地势和地面障碍物等影响，运输路径中发生弯曲，包括上坡、下坡、盘山道路以及一处卸料向数基杆塔分运等，是运输实际路径与直线距离之比，弯曲系数不等同于地形增加系数。

由于人力运输路径大多数是从公路或河流向线路横向运输，路径中常遇平地和相对便于运输的其他地形，幅度中的上下限可视实际运输路径情况而定；采用索道运输时，人力运距应从材料下料点开始计算。

（2）车船运输平均运距。平均运距计算公式：

$$Y_j = \sum L_j R_j \div \sum L_j + C$$

式中 Y_j——平均运距，km；

     L_j——各段线路材料量，以各段线路长度为代表；

     R_j——各段线路材料的车、船运输距离（自工地材料站至各段材料的卸料点，其中道路或河流与线路平行的，则以该段的中心处为卸料点计算运距）；

     C——超过下站运距；

     j——段数。

其中：超过下站运距，指火车站或码头至工地材料站的运距超过定额未计价材料价格（材料预算价）中下站运距部分，可按定额未计价材料价格（材料预算价）中规定计入工地运输距离，无规定者不予计列。

（3）索道运输平均运距。采用架空输电线路专用货运索道方式运输线路物料，索道分往复式、循环式两种类型，每种类型又分为单跨和多跨。索道平均运输运距为上料点到下料点之间的水平投影距离。单跨单索循环式索道如图 2-10 所示，多跨多索循环式索道如图 2-11 所示。

【解决建议】

针对该工程配送费及工地运输费的问题，根据《电力建设工程概预算定额

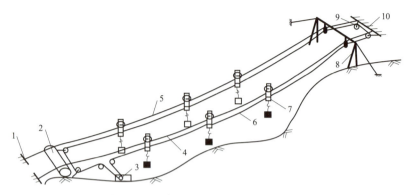

图 2–10　单跨单索循环式索道示意图

1—始端地锚；2—始端支点；3—驱动装置；4—承载索；5—返空索；6—牵引索；7—货车；
8—终端支架；9—高速滑车；10—终端地锚

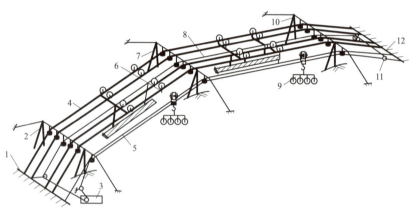

图 2–11　多跨多索循环式索道示意图

1—始端地锚；2—始端支架；3—驱动装置；4—承载索；5—返空索；6—货车；7—中间支架；
8—牵引索；9—返空车；10—终端支架；11—高速滑车；12—终端地锚

使用指南　第五册　输电线路工程》中关于配送费、工地运输的相关规定，应分别按拟订的招标文件和实际情况进行计算。

2.3.2　线路复测分坑（QD–2.3–2）

【案例描述】

某 110kV 架空输电线路工程，路径长度 10km，新建铁塔 20 基，利用原有工程铁塔 5 基，结算时施工单位将复测分坑费用按照 25 基计算，审核单位根据图纸和现场实际情况，核减 5 基。

【案例分析】

该工程设计单位出具的竣工图纸杆塔明细中共有 25 基铁塔，但是设计总说明中描述该工程需新建 20 基铁塔基础，因此实际施工单位仅需施工 20 基，复测分坑工程量应为 20 基，剩余 5 基是利用原有工程，不需要开展复测分坑。

【解决建议】

线路工程杆塔基数需区分新建和利旧，并特别注意设计变更，确保不重不漏，与现场实际情况一致。

2.3.3　挖孔基础挖方（QD–2.3–3）

【案例描述】

某架空输电线路工程基础采用挖孔基础形式，施工单位根据挖孔基础地面以下图示尺寸计算挖方工程量，未考虑护壁土方量，上报挖孔基础挖方松砂石 700m³；审核单位根据工程量计算规则审核后认为普通土应为 350m³，松砂石 400m³，与施工单位上报工程量存在差异。

【案例分析】

根据 DL/T 5205—2016《电力建设工程工程量清单计算规范　输电线路工程》相关规定，各类土、石质按设计地质资料确定，除挖孔基础外，不作分层计算；同一坑、槽、沟内出现两种或两种以上不同土、石质时，则一般选用含量较大的一种确定其类型；挖孔基础同一孔中不同土质，按地质资料，分层计算工程量，并且需要包含护壁土方量；施工单位计算工程量时未分层计算，且未考虑护壁的土方量，因此与审核工程量产生差异。

【解决建议】

挖孔基础挖方同一孔中不同土质，按地质资料，分层计算工程量，并且需要包含护壁土方量；计算护壁土方量时应注意护壁长度，避免多计工程量。

2.3.4　挖孔基础工程量（QD-2.3-4）

【案例描述】

某架空输电线路工程基础采用挖孔基础形式，如图 2-12 所示，施工单位在施工时，共计浇筑 1000m³ 的混凝土，包含充盈量和施工损耗量，因此申请按照 1000m³ 工程量结算挖孔基础费用；审核单位认为应按照图纸所示的尺寸计算工程量，以 950m³ 进行结算。对此双方产生争议。

【案例分析】

根据《电力建设工程概预算定额使用指南　第五册　输电线路工程》规定，各种桩基础的桩孔在形成时，孔径、孔深不可能像理想状态下的设计图纸一样标准，同时规范要求孔径、孔深不得小于设计值；各种现浇混凝土桩基础是"以土代模"，在浇制混凝土时，混凝土会向孔的周围渗透。上述原因造成实际混凝土浇制工程量超过设计工程量，同时由于施工单位技术水平或其他因素影响也会产生一定的损耗，因此实际工程量一般包含充盈量和损耗量，充盈量按设计规定，设计未明确充盈量时，按挖孔基础设计量的 7% 计算；当挖孔基础采用基础护壁时，基础的混凝土不计算充盈量。

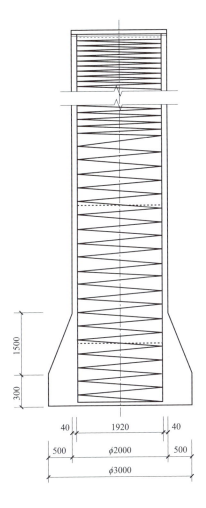

图 2-12　挖孔基础

根据 DL/T 5205—2016《电力建设工程工程量清单计算规范　输电线路工程》规定，挖孔基础工程量计算规则为按设计图示尺寸，以体积计算，不含充盈量及施工损耗量；充盈量和损耗量应在投标报价时根据定额相关规定或施工单位自身技术水平进行综合考虑。因此，无论现场实际浇筑量与图纸净量有多大差异，都应按照规定的计算方式计算工程量。

【解决建议】

根据 DL/T 5205—2016《电力建设工程工程量清单计算规范　输电线路工程》规定挖孔基础工程量计算规则为按设计图示尺寸，以体积计算，不含充盈量及施工损耗量。

2.3.5　灌注桩浇制量（QD-2.3-5）

【案例描述】

某架空输电线路工程基础采用灌注桩基础型式（见图 2-13），由于灌注桩桩基底部存在半球形状的设计，施工单位提出将灌注桩桩基底部半球工程量计入结算；审核单位认为不应该计取。对此双方产生争议。

【案例分析】

为满足增加灌注桩地基承载力、提高灌注桩上拔力等的工艺要求，桩基底部一般采用半球形设计。针对桩基底部采用半球形设计情况，施工单位需对桩基底部进行处理，才能满足设计要求。根据 DL/T 5205—2016《电力建设工程工程量清单计算规范　输电线路工程》相关规定，灌注桩基础浇灌工程量计算规则为按设计图示尺寸，以体积计算（包含桩尖）。

【解决建议】

当灌注桩桩基底部采用半球形设计时，应以设计图示尺寸（包含底部半球体积）计算工程量。

图 2-13　灌注桩基础

2.3.6　护壁工程量（QD-2.3-6）

【案例描述】

某架空输电线路工程，挖孔基础护壁采用现浇混凝土护壁，如图 2-14 所示。由于在实际施工时，护壁需根据现场实际开挖的地质情况制作浇筑，导致

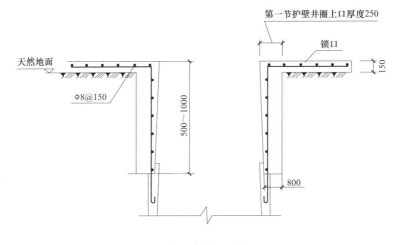

第一节护壁井圈示意图

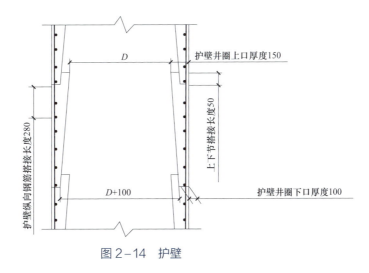

图 2-14　护壁

实际施工量与图纸量存在较大差异，因此施工单位申请按照实际施工护壁量结算；审核单位则根据施工图计算的护壁工程量进行结算。对此双方产生争议。

【案例分析】

当挖孔基础设置护壁时，设计的基本原则是对于硬质岩石地基，护至强风化岩层顶面以下 0.5m；对于软质岩石地基，护至中风化岩层顶面以下 0.2m；对于黄土（黄土状粉土、粉土）、粉质黏土、碎石土、砂土及破碎类岩石地基，护至基础扩大头顶面。因此设计单位在绘制施工图时会根据每基挖孔基础的地质情况，按照上述原则计算护壁长度、护壁钢筋、护壁混凝土量。而实际施工过程中，个别塔基地质资料可能与地勘报告有所差异，导致实际施工时护壁工程量会与施工图有所不同。根据 DL/T 5205—2016《电力建设工程工程量清单计算规范　输电线路工程》相关规定，挖孔基础护壁按设计图示数量，以体积计算；为保证结算工程量与实际施工量一致，应根据竣工图计算护壁工程量。

【解决建议】

施工图是按照基本的设计原则进行绘制的，由于受设计深度、复杂地质等影响，其工程量与实际施工量可能存在差异，因此护壁工程量应按照竣工图计算护壁工程量。

2.3.7　自立铁塔工程量（QD-2.3-7）

【案例描述】

某架空输电线路工程新建 20 基自立铁塔，如图 2-15 所示，物资采购质量为 450t，施工图质量为 454t，审核单位核定质量为 450t，施工单位对于结算质量小于施工图纸质量的情况提出异议。

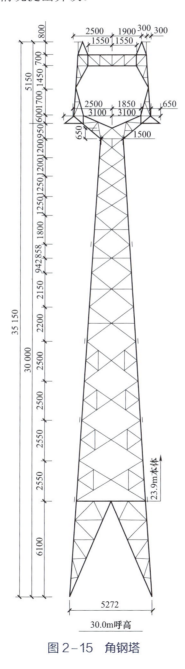

图 2-15　角钢塔

【案例分析】

铁塔施工图质量是设计单位根据设计规范及相关要求确定的理论质量，实际施工时会存在与施工图不一致的情况，竣工图会按照实际施工质量（核算后质量）绘制。铁塔物资采购合同中的质量就是设计单位与供货厂家根据现场施工和供货情况核算后确定，是实际施工质量。因此铁塔工程量不能按照施工图质量直接进行结算，应按照竣工图质量进行结算。

【解决建议】

铁塔结算质量应以竣工图质量，即物资采购质量为准；并且根据输电线路工程工程量计算规范等相关规定，自立塔质量包含塔身、脚钉、爬梯、电梯井架、螺栓、防鸟刺等全部塔身组合构建的质量，不包含基础、接地、绝缘子金具串的质量。

2.3.8　接地槽土方工程量（QD-2.3-8）

【案例描述】

某架空线路工程施工图纸中按照不同地形设置了不同的接地埋深，其中平丘地形 0.8m，山地地形 0.6m，高山地形 0.3m，施工单位申请接地槽土方结算量时全部按照平丘地形计算；审核单位认为应按照设计图纸要求，根据不同地形确认埋深后计算工程量。对此双方产生争议。

【案例分析】

设计单位根据接地的技术要求，对不同地形的水平接地体敷设的深度设置了不同的标准，如图 2-16 所示，其中平丘地形 0.8m，山地地形 0.6m，高山地形 0.3m。接地槽土方工程量应根据现场接地塔位的地形情况，确定埋深后计算，土质类别根据设计地质资料确定，不作分层计算，同一槽内出现两种或两种以上土质时，一般选用含量较大的一种土质确定其类型。

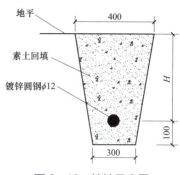

图 2−16　接地示意图

【解决建议】

建议设计单位提供逐基杆塔的地形描述表或接地埋深表，结算时作为接地槽土方工程量计算的依据。

2.3.9　避雷线架设工程量（QD−2.3−9）

【案例描述】

某单回路 35kV 架空输电线路工程，线路亘长 18.5km，导线采用 JL/G1A−300/40 型钢芯铝绞线，地线采用两根铝包钢绞线，施工单位申请结算时，避雷线架设工程量按 18.5×2=37km 计算；审核单位认为应按照 18.5km 计算。对此双方产生争议。

【案例分析】

根据 DL/T 5205—2016《电力建设工程工程量清单计算规范　输电线路工程》相关规定，避雷线架设工程量计算规则为按设计线路亘长，以单根长度计算，导线架设工程量计算规则为按设计线路亘长，以长度计算。由于该工程需架设两根地线，因此应按"亘长×2"计算避雷线架设工程量，结果为 37km。

【解决建议】

避雷线架设工程量按设计线路亘长，以单根长度计算，同时应根据工程实际情况，核实项目特征，避免计算错误。

2.3.10　土路交叉跨越工程量（QD-2.3-10）

【案例描述】

某架空输电线路工程在施工图纸杆塔明细中，部分交叉跨越物描述为大车路、小路，与清单中跨越土路、机耕路或一般公路描述不一致，导致结算争议。施工单位认为现场已经按照一般公路标准搭设跨越架，应将大车路、小路归为一般公路跨越；审核单位则认为应为土路跨越。对此双方产生争议。

【案例分析】

大车路又称机耕路，是指路基未经修筑或者简单修筑能通过大车或拖拉机的道路，某些地区也可通行汽车。而图纸上的小路经过审核单位与设计单位确认，现场实际是乡间小路，属于土路。根据JTG B01—2014《公路工程技术标准》，公路按使用任务、功能和适应的交通量分为高速公路、一级公路、二级公路、三级公路、四级公路五个等级，其中四级公路是最低级别的公路，主要供汽车行驶的双车道或单车道公路，图纸中的大车路和小路一般达不到一般公路的级别，因此应按照土路、机耕路进行结算。

【解决建议】

大车路、小路应按照跨越土路、机耕路的清单进行结算，必要时应要求设计单位将图纸进行修正，以满足结算的要求。

2.3.11　其他交叉跨越工程量（QD-2.3-11）

【案例描述】

某架空输电线路工程，施工单位按照跨越高速公路 3 处、带电跨越 10kV 电力线 5 处申请结算；审核单位在审核时根据现场实际情况以及跨越措施方案，核定跨越高速公路 2 处、带电跨越 10kV 电力线 4 处、不带电跨越 10kV 电力线 1 处。对此双方产生争议。

【案例分析】

虽然施工图描述跨越高速公路 3 处，跨越 10kV 电力 5 处，但是由于设计深度不够，现场 1 处高速公路实际为国道；是否带电跨越电力线需根据跨越措施方案判断，不能全部按照带电跨越计算费用。

【解决建议】

必要时对于重要的交叉跨越需到现场进行核实，如与施工图不符，应及时进行变更，确保跨越数量、被跨越物特征等与实际情况一致，同时根据跨越措施方案判断是否需要计算带电跨越措施费。

【延伸思考】

建管单位应加强施工图设计管理，提升施工图设计质量。

2.3.12　地线金具安装（QD-2.3-12）

【案例描述】

某 110kV 架空输电线路工程，招标工程量清单中开列了地线耐张串、地线悬垂串安装的清单项目，结算时施工单位申请计列地线耐张串、地线悬垂串的安装费用，但审核单位认为地线耐张串、地线悬垂串安装的工作内容已经包含在地线架设中，不予计取。

【案例分析】

根据 DL/T 5205—2016《电力建设工程工程量清单计算规范　输电线路工程》规定，架线工程导线架设清单项的工作内容中不包括附件安装，导线悬垂串、跳线串安装、导线耐张串安装等，其安装有单独的清单项目；避雷线架设和光纤复合架空地线（OPGW）架设清单项的工作内容中包括直线接头连接，耐张终端头制作、耐张串组合连接和挂线、附件（除防震锤）安装等，因此地线金具串的安装已经包含在地线架设的清单工作内容中，不应再开列清单单独计算费用。

【解决建议】

根据 DL/T 5205—2016《电力建设工程工程量清单计算规范　输电线路工程》规定，地线金具串的安装已经包含在避雷线架设和 OPGW 架设清单项目工作内容中，不应再开列清单单独计算费用。

2.3.13　电缆沟土方工程量（QD–2.3–13）

【案例描述】

某 110kV 电缆输电线路工程，电缆敷设方式采用电缆沟敷设，如图 2–17 所示，长度 100m，施工单位根据终端变电站场地标高计算开挖深度，申请结算 300m³ 电缆沟、槽、坑机械挖方及回填（机械开挖，石方）费用；审核单位认为应按照自然地面标高计算开挖深度和挖方及回填量，工程量应为 240m³。对此双方产生争议。

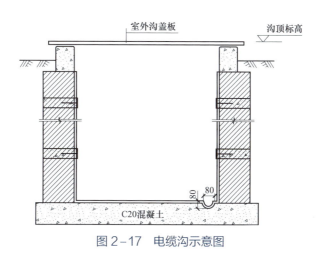

图 2-17 电缆沟示意图

【案例分析】

依据 DL/T 5205—2016《电力建设工程工程量清单计算规范 输电线路工程》，土石方开挖及回填的计算规则为：原地面线以下按构筑物最大水平投影面积乘以挖土深度（原地面平均标高至槽坑底标高），以体积计算；不能考虑边坡系数、操作裕度等土方量，土石方体积应按挖掘前的天然密实体积计算；基础土方、石方开挖深度应按基础垫层底表面标高至交付施工场地标高确定，无交付施工场地标高时，应按自然地面标高确定。该工程未交付施工场地标高，且施工单位也没有按照原地面标高计算开挖深度，导致工程量计算有误。

【解决建议】

按照 DL/T 5205—2016《电力建设工程工程量清单计算规范 输电线路工程》，土石方开挖及回填工程量应按构筑物最大水平投影面积乘以挖土深度计算，开挖深度应按基础垫层底表面标高至交付施工场地标高确定，未交付施工场地标高时，应按原地面标高确定。

2.3.14　隧道敷设工程量（QD-2.3-14）

【案例描述】

某 220kV 电缆输电线路工程，电缆敷设方式采用隧道内敷设，长度为 380m，而电缆隧道长度为 350m。施工单位根据电缆敷设长度申请按照 380m 进行结算；审核单位认为应按照电缆隧道长度 350m 进行结算。对此双方产生争议。

【案例分析】

根据 DL/T 5205—2016《电力建设工程工程量清单计算规范　输电线路工程》相关规定，隧道敷设工程量计算规则为按照设计图示数量，以长度计算，该长度以设计材料清单的计算长度为依据，包括材料损耗、波形敷设，接头制作和两段预留弯头等附加长度。根据 GB 50217—2018《电力工程电缆设计标准》，电缆的计算长度应包括实际路径长度与附加长度。附加长度宜考虑以下因素：① 电缆敷设路径地形等高差变化、伸缩节或迂回备用裕量；② 35kV 以上电缆蛇形敷设时的弯曲状影响增加量；③ 终端或接头制作所需剥截电缆的预留段、电缆引至设备或装置所需的长度。因此电缆隧道敷设长度不应按隧道长度计算，应按实际路径长度与附加长度之和计算。

【解决建议】

根据 DL/T 5205—2016《电力建设工程工程量清单计算规范　输电线路工程》，按电缆长度 380m 计算隧道敷设工程量。

2.3.15 果园经济作物交叉跨越工程量（QD-2.3-15）

【案例描述】

某架空输电线路工程，施工单位根据现场交叉跨越果园、经济作物情况，将松树、杨树等需要砍伐的树木计入交叉跨越工程量中，造成申请结算量与招标量存在差异；审核单位要求进行现场核实，并核减需要砍伐的松树、杨树等树木的跨越。对此双方产生争议。

【案例分析】

由于设计勘察深度不够、施工图设计时间较早等，实际果园、经济作物交叉跨越工程量与招标量存在差异，此时施工单位提出新增跨越果园、经济作物的工程量，如情况属实且不砍伐，则应予以结算。需要砍伐的松树、杨树等树木一是不属于果园、经济作物类型；二是已砍伐无需采取防护措施，因此不纳入结算。

【解决建议】

果园、经济作物交叉跨越工程量应与实际情况一致，如情况属实且不砍伐，则应予以结算，同时设计单位应在竣工图中体现；需要砍伐的松树、杨树等树木的交叉跨越工程量不予结算。

2.3.16 电缆终端头费用（QD-2.3-16）

【案例描述】

某电缆输电线路工程，甲供物资供货范围包括电缆终端头、接地箱、电缆等，实际施工时施工单位自有采购的材料清单中也有电缆终端头，导致材料费用重复结算。

【案例分析】

电缆终端头属于电缆附件，通常情况下应由甲方供应。结算中应检查施工招标工程量清单，确定其是否在招标人采购材料（设备）表中，如已计列，除非特殊原因，电缆终端头应该是由甲供，结算应按照物资合同费用计算。如果施工过程中由于某些原因，甲方无法供应电缆终端头，委托乙方代为采购时，结算时按照施工单位提供的采购发票和费用支付凭证作为结算支撑依据。

【解决建议】

为避免电缆终端头费用重复计算，应依据招投标文件以及相关会议纪要明确终端头是甲供还是乙供。终端头为甲供时，由甲方采购，按照物资供应合同结算物资费用；若由乙方采购，工程结算时按照施工单位提供的采购发票和费用支付凭证作为结算支撑依据。

2.4　配电网工程

2.4.1　杆塔坑挖方及回填（QD-2.4-1）

【案例描述】

某10kV架空线路工程采用板式基础型式，施工单位申请结算时以考虑放坡和操作裕度后计算的杆塔坑挖方及回填工程量作为结算申报量；审核单位认为应按照设计尺寸计算挖方净量。对此双方就此产生争议。

【案例分析】

　　土石方施工时为防止土壁塌方，当挖方超过一定深度时，其边沿应放出足够的边坡，同时也会预留一定的施工工作面，由此造成实际挖方量大于埋于土中的基础体积。根据 DL/T 5766—2018《20kV 及以下配电网工程工程量清单计算规范》规定，① 杆塔坑挖方及回填按基础垫层底面积乘以挖土深度，以体积计算。该工程量是按设计尺寸计算的净量，不含施工操作裕度及放坡系数增加的尺寸，其基坑底部的尺寸应考虑垫层部分的增加尺寸。② 各类土、石质按设计地质资料确定，除挖孔基础外，不作分层计算；同一坑、槽、沟内出现两种或两种以上不同土、石质时，则一般选用含量较大的一种确定其类型；出现流砂层时，不论其上层土质占多少，全坑均按流砂坑计算；出现地下水涌出时，全坑按水坑计算。

【解决建议】

　　根据 DL/T 5766—2018《20kV 及以下配电网工程工程量清单计算规范》规定，杆塔坑挖方及回填按基础垫层底面积乘以挖土深度计算，无垫层则以基础底面积乘以挖土深度计算；工程量是按设计尺寸计算的净量，不含施工操作裕度及放坡系数增加的尺寸。

2.4.2　地脚螺栓工程量（QD‑2.4‑2）

【案例描述】

　　某 10kV 架空线路工程在进行基础施工费用结算时，施工单位将地脚螺栓的箍筋直接计入"地脚螺栓"清单项目进行结算；审核单位认为地脚螺栓箍筋应计入"钢筋加工及制作"清单项目。对此双方产生争议。

【案例分析】

地脚螺栓主要由螺栓、螺母、垫片、锚板和箍筋等组成。螺栓主要材料为Q235钢，箍筋为HPB300钢。根据DL/T 5766—2018《20kV及以下配电网工程工程量清单计算规范》相关规定，地脚螺栓按设计图示尺寸，以质量计算，地脚螺栓的附属材料，如定位板、箍筋等计入"地脚螺栓"。因此虽然箍筋和螺栓的材质不同，但是箍筋也应计入"地脚螺栓"清单项目进行结算。

【解决建议】

根据DL/T 5766—2018《20kV及以下配电网工程工程量清单计算规范》相关规定，地脚螺栓按设计图示尺寸，以质量计算，包含地脚螺栓定位板、箍筋等附属材料的质量。

2.4.3　灌注桩成孔工程量（QD-2.4-3）

【案例描述】

某10kV架空线路工程，基础采用灌注桩承台基础，审核单位按照施工图纸计算的成孔工程量为300m；施工单位提出成孔工程量应该从地面自然标高开始计算，不应该从承台的垫层底面开始计算。对此双方产生争议。

【案例分析】

根据DL/T 5766—2018《20kV及以下配电网工程工程量清单计算规范》规定，灌注桩成孔按设计图示数量以长度计算。针对灌注桩承台基础的成孔起算点没有明确说明，如果仅按图示计算，就是从承台的垫层底面开始计算；而该工程招标工程量清单总说明中对灌注桩成孔子目工程量计算规则进行了说明，是按设计图示尺寸，以长度（以设计图示自然标高为起点）计算，同时经分析灌注桩成孔施工工艺，成孔施工是从自然标高开始。因此根据招标文件以及实际施工工艺要求，成孔工程量应从地面自然标高开始计算。

【解决建议】

根据 DL/T 5766—2018《20kV 及以下配电网工程工程量清单计算规范》规定，结合现场实际施工工艺，灌注桩成孔应按设计图示尺寸，以长度（以设计图示自然标高为起点）计算。

第3章 措施项目及规费项目

措施项目是指为完成工程项目施工，发生于该工程施工准备和施工过程中的技术、生活、安全、环境保护等方面的项目。措施项目清单应根据相关专业现行工程量计算规范的规定编制，并应根据拟建工程的实际情况列项。

规费项目清单主要包括社会保险费、住房公积金等，其中社会保险费包括养老保险费、失业保险费、医疗保险费、工伤保险费、生育保险费，一般应根据省级政府或省级有关权力部门的规定列项和计算。规费项目一般没有争议问题，本章主要对电网建设工程中常出现的措施项目争议及疑难问题进行分析，在满足工程施工的同时，规范措施项目的清单计价行为。

3.1 施工降水工程量（QD-3-1）

【案例描述】

某变电站工程基坑开挖过程中地下水涌出，施工单位采用井点降水的方式进行施工降水，并办理现场签证，上报井点降水运行 156 套·天；结算中，审核单位根据经审批的施工方案、降水系统运行记录核实运行工程量，核定为 144 套·天。

【案例分析】

根据工程量清单计算规范，井点降水工程量按照每根管井累计运行 24h 计算，施工单位上报中将部分运行不足 24h 的管井计为 1 套·天，不符合清单计算规范规定。

【解决建议】

工程施工降水应编制具体专项施工方案，施工过程中监理应采用旁站等方式对现场降水工作进行记录，形成降水施工记录；工程量审核时除需要现场签证为依据外，还需要依据经审批的降水方案、降水系统运行记录等核实具体工程量。

3.2 临时施工防护（隔离）措施（QD-3-2）

【案例描述】

某变电站工程中，设计图纸估列的防护隔离网 360m²，但经结算审核单位现场复核工程量并调阅工程资料，发现实际防护网工程量为 320m²，少于图纸设计量，最终按实际工程量结算。

【案例分析】

由于临时施工防护（隔离）属于较为特殊的措施类项目，设计单位在出版施工图时只能结合设计经验估列相关工程量，但实际施工单位的施工组织方案及现场情况可能发生变化，工程量审核时按照施工图设计工程量计算存在一定的偏差。

【解决建议】

由参建各方对于现场实际发生的临时施工防护（隔离）工程量进行确认，按各方签认工程量作为实际工作量进行结算。

3.3　围堰措施费（QD-3-3）

【案例描述】

某110kV架空输电线路工程，杆塔施工阶段需在水塘中修筑临时围堰，并组立铁塔，结算时施工单位按照临时围堰的体积申请结算；审核单位认为应按照面积并结合现场施工方案进行结算，双方产生争议。

【案例分析】

根据DL/T 5205—2016《电力建设工程工程量清单计算规范　输电线路工程》相关规定，临时围堰按设计图示数量、施工方案计算，计量单位为立方米（m³），因此临时围堰措施费用应按照施工方案以及现场实际尺寸，按照体积计算，不应按照面积计算，同时还应核实围堰材料是否与清单项目特征相符。

【解决建议】

根据DL/T 5205—2016《电力建设工程工程量清单计算规范　输电线路工程》相关规定，临时围堰按设计图示尺寸，以体积计算，并依据施工方案以及现场实际施工情况核实围堰材质，注意区分临时围堰与永久性围堰。

3.4　施工道路措施费（QD-3-4）

【案例描述】

某架空输电线路工程采用机械化施工方式，需修筑临时施工道路用于机械设备进出场。施工道路修筑清单的项目特征为"修筑方式：路床整平、铺石加固"。施工单位实际修筑方式是路床整平、钢板铺设，如图3-1所示，与招标工程量清单项目特征描述的修筑方式不一致，但结算阶段仍按照该清单项申请结算。

【案例分析】

图 3-1　路床整平、钢板铺设示意图

目前机械化临时施工道路修筑方式分为四种，包括路床整平；路床整平、钢板铺设；路床整平、铺石加固；路床整平、铺石加固、钢板铺设。施工单位应该根据现场实际情况制定具体的施工道路修筑方式。根据 DL/T 5205—2016《电力建设工程工程量清单计算规范　输电线路工程》相关规定，施工道路按设计图示数量、施工方案计算，计量单位是平方米（m²），因此应按照面积计算；然而施工单位的修筑方式与招投标规定的修筑方式不一致，因此不能按照招标清单项结算，需要重新组价计算费用。

【解决建议】

根据 DL/T 5205—2016《电力建设工程工程量清单计算规范　输电线路工程》相关规定，施工道路按设计图示尺寸，以面积计算，并依据施工方案和现场实际施工情况核实项目特征及清单工程量。

3.5　满堂脚手架工程量（QD-3-5）

【案例描述】

某建筑物共二层，层高为 3.6m，吊顶高度为 3.1m。根据《电力建设工程预算定额 建筑工程》规定，当室内高度大于 3.6m 的天棚抹灰、天棚吊顶应单独计算满堂脚手架。结算审核单位认为应按照室内净高为 3.1m 考虑，不应计取满堂脚手架费用；施工单位认为应按层高 3.6m 计算满堂脚手架费用。对此双方产生争议。

【案例分析】

该案例问题源于对定额工程量计算规则理解不透彻。根据《电力建设工程预算定额　建筑工程》脚手架部分的规定："室内高度大于 3.6m 的天棚吊顶、天棚抹灰应单独计算满堂脚手架。"本条计算规则明确为室内高度，因此应按照变电站室内高度判断其是否应计列满堂脚手架，而不是建筑物的结构层高。上述情况不应计列满堂脚手架费用。

【解决建议】

根据以上分析及调研中其他案例中工程量的问题，建议在计算工程量时，应严格按照定额中章节说明中规定的定额使用范围及工程量计算规则计算。

3.6　爆破工程措施费（QD-3-6）

【案例描述】

某输电线路工程基础采用挖孔基础型式。由于地质原因，施工时采取爆破施工方式。该工程编制招标文件时考虑了爆破施工的补助费用，并约定按照爆破的体积计算费用。结算时施工单位申请按照挖孔基础体积乘以投标报价计算，审核单位认为应按照爆破的土石方量计算，对此双方产生争议。

【案例分析】

由于 DL/T 5205—2016《电力建设工程工程量清单计算规范　输电线路工程》相关规定中并没有爆破工程的相关规定，因此应根据招投标文件以及合同约定进行判断。根据招标清单中的计算说明，爆破施工补助费用应按照爆破的体积计算，因此应根据爆破的岩石体积用以计算补助费用。

【解决建议】

根据该工程的招投标文件及合同约定，爆破施工补助的费用应按照爆破的体积计算。结算时应核实地质情况，必要时需进行爆破工程量的确认。如当地政府有特殊规定时，也可按照当地政府文件计算结算费用。

3.7　电缆 GIS 头穿仓费用（QD-3-7）

【案例描述】

某电缆输电线路工程编制招标工程量清单时，编制单位对于电缆 GIS 头穿仓费用应计入分部分项清单还是列入措施项目清单存在疑惑。

【案例分析】

根据 DL/T 5205—2016《电力建设工程工程量清单计算规范　输电线路工程》相关规定，电缆 GIS 头辅助工作（电缆穿仓）属于措施项目，按技术方案要求计算，计量单位是"间隔"，其工作内容包括：抽气、开盖仓盖、接电缆、打密封圈、充气、工器具移运、清理现场。因此电缆 GIS 头穿仓应在措施项目计列相关费用。

【解决建议】

根据 DL/T 5205—2016《电力建设工程工程量清单计算规范　输电线路工程》相关规定，电缆 GIS 头辅助工作（电缆穿仓）按技术方案要求，以"间隔"计算，结算时还应核实电压等级、工艺要求等是否与招标清单项目特征一致。

第4章 其 他 项 目

其他项目清单是指分部分项工程项目清单、措施项目清单所包含的内容以外，因招标人的特殊要求而发生的与拟建工程有关的其他费用项目和相应数量的清单。工程建设标准的高低、工程的复杂程度、工期长短及组成内容、发包人对工程管理的要求等都直接影响其他项目清单的具体内容。其他项目清单一般包括暂列金额、暂估价（包括材料暂估单价、工程设备暂估单价、专业工程暂估价）、计日工、总承包服务费等。本章主要从电网建设工程在工程量清单计价模式下常见的其他项目中，选取具有代表性的争议问题进行分析，旨在进一步规范电网建设工程其他项目费用计算，避免结算争议。

4.1 桩基检测费用（QD－4－1）

【案例描述】

某工程桩基工程施工时，为保证工期和质量，在桩基工程尚未施工完成时，由监理随机抽取已施工的桩进行桩头处理、验收。结算审核时查询招标文件发现桩基检测不在本次招标范围之内，而属于设计合同范围。

【案例分析】

该案例为合同范围变更问题。根据施工合同中承包方义务相关条款，承包方具有配合验收的义务，但桩基检测工作不属于承包方的合同范围，而属于设计单位的合同范围。若由承包方施工，则应进行费用补偿，但因此项工作内容属于设计合同范围，其费用支付应由设计单位支付。

【解决建议】

由于桩基检测不属于施工合同约定范围内，而在设计合同范围内，因此相关费用不应纳入施工结算，应由设计单位与承包方协商解决相关费用。

4.2　跨越通航河流补偿费（QD-4-2）

【案例描述】

某架空输电线路工程，招标文件约定跨越通航河流补偿费含在招标范围的其他项目清单中，且按总价包干结算。在工程实施阶段，施工单位提出"跨越通航河流补偿费"不含航道通航条件影响评估费，此费用若由施工单位负责则应出具合同外委托书，并在结算时增加此项费用。

【案例分析】

架空输电线路交叉跨越按照被跨越物分为高速铁路、普通铁路、高速公路、一般公路、电力线、通航河流等跨越。根据被跨越物的大小、重要性和实施跨越的难易程度，可将跨越分为三个类别：一般跨越、重要跨越和特殊跨越。按跨越架线方式分为：有跨越架跨越架线、无跨越架跨越架线和大跨越跨越架线。其中大跨越跨越架线是指线路跨越通航大河流、湖泊或海峡等，因档距较大（在1000m 以上），或杆塔较高（在 100m 以上），导线选型或杆塔设计需特殊考虑，且发生故障时严重影响航运或修复特别困难的耐张段。

架空输电线路跨越通航河流要满足 DL/T 741—2019《架空输电线路运行规

程》相关规定，输电线路与河流交叉或接近的基本要求见表 4-1。直观来看距离越近影响越大，因此限制因素的核心就在于安全距离的控制。

表 4-1　　　　　　　　　　输电线路与河流交叉或接近的基本要求

距离	电压等级（kV）	至 5 年一遇洪水位（m）	至最高航行水位的最高船桅顶（m）
最小垂直距离	66	6	2
	110	6	2
	220	7	3
	330	8	4
	500	9.5	6
	750	11.5	8
	1000	14/13	10

距离	电压等级（kV）	边导线至斜坡上缘（m）
最小水平距离	110（66）	
	220	
	330	最高杆塔高
	500	
	750	
	1000	塔位至河堤：河堤保护范围之外或按协议取值

　　根据影响对象的不同特点，限制因素包含水平安全距离限制和垂向安全距离限制。其中，水平安全距离的限制主要是考虑港口码头、船闸等船舶密集处相关调度作业频繁，若与电线较近存在较大安全隐患，因此线路跨越航道时，对于过、临河建筑物（桥梁、港口码头、船闸等），航道主管部门一般禁止直接在其上方跨越，并需保持一定水平安全距离，以满足建筑物的安全正常发挥其功能的需要；垂向安全距离是输电线路跨越通航河流时关注的重点，安全距离不足可能发生船舶桅杆剐蹭电线引起的触电事故，造成船舶、杆塔损坏甚至人员伤亡，因此在航道航线范围内，线路需与航行船舶保持一定的垂向安全距离，以保证船舶安全顺利通过。

由于架空输电线路对通航河流影响较大，如图 4-1 所示，因此河流管理单位一般会要求一定的补偿费用，该工程招标中提及的"跨越通航河流补偿费"包干范围不清晰。根据《电网工程建设预算编制与计算规定（2018 年版）》的相关规定，跨越架设定额不包括被跨越物产权部门提出的咨询、监护、路基占用等费用，发生时按政府或有关部门的规定另计。输电线路跨越补偿费是指为满足工程建设需要，需对拟建输电线路走廊内的公路、铁路、重要输电线路、通航河流等进行跨越施工所发生的补偿费用。《电网工程建设预算编制与计算规定（2018 年版）》规定："依据施工方案以及项目法人与被跨越产权部门签订的合同或达成的补偿协议计算"。跨越通航河流补偿费、防洪影响评价、航标设置等均属于被跨越物产权部门提出的咨询、监护等费用中的内容，因此该工程"跨越通航河流补偿费"约定包干，被跨越物产权部门提出的咨询、监护、等费用均不应通过合同外委托的形式重复计算。

图 4-1　跨越通航河流

【解决建议】

该工程的航道通航条件影响评估费应认为含在合同内，按包干考虑，建议后续工程在招标阶段"跨越通航河流补偿费"按暂估价考虑，按实结算。结算时，依据施工方案以及与被跨越产权部门签订的合同或达成的补偿协议计算，同时可分析"跨越通航河流补偿费"涵盖的费用类型，必要时可在招标文件中列明。需要注意的是部分地方政府为支持电网建设项目，电力线路穿越公路、铁路、河流、林区、矿区时，不构成实质性损害的，不得收取跨越费、占用费、道路接口费等费用；构成损害的，按照有关规定予以补偿。因此跨越通航河流补偿费必须按照当地政府相关规定计取，不得虚列增列费用。

【延伸思考】

设计单位在线路设计中对跨越档参数及地形条件选择时，应考虑施工的安全、便利，交叉跨越点应尽量避免在水塘、水库、湖泊、河流山谷、深沟、陡坡边沿等地方，因为在此类地形搭设跨越架困难，搭设跨越架跨越施工安全风险很大。同时对于公路、铁路，如被跨越产权部门要求补偿时，跨越补偿费也应考虑到工程费用中，补偿费主要由施工安全监护及配合费、临时占用铁路用地及设施补偿费、第三方安全性评估费、技术咨询服务费、产权单位协调费、委托服务费、其他费等构成。

4.3 塔基永久征（占）地费用（QD-4-3）

【案例描述】

塔基永久征（占）地是实实在在的占用土地，如图4-2所示，在铁塔的使用年限内，塔基迁移、拆还的可能性很小。塔基面积内的土地，并不能在其上面再种高秆植物，按照《电力设施保护条例》及其实施细则规定，不能在基础周围规定的保护区内进行挖土、动工，开挖鱼塘等工作，因此需要对土地使用权人按照设计要求进行必要的补偿。某架空线路工程在进行塔基永久征（占）地补偿时，补偿的面积超过设计图示计算面积，且没有提供相关说明等支撑资料。

图4-2　塔基永久征（占）地

【案例分析】

该线路工程施工合同约定"招标人（属地省公司）负责部分包括政府规定的通道协调费用；塔基、走廊内、施工所涉及的林木砍伐证办理；塔基永久征（占）地及塔基永久征（占）地范围内的青苗、林木砍伐补偿、坟墓迁移等；走廊内的林木赔偿，房屋拆迁、厂矿迁移，大棚及大棚内附着物，塔基及线下养殖场（棚、塘）赔偿等"。在实际工作过程中，属地公司与当地政府、设计单位、业主项目部等确认塔基征地补偿面积。由于一基塔可能涉及多户赔偿，存在边角地情况，实际征地补偿面积可能会超过设计图示计算面积。

【解决建议】

属地公司承担塔基永久征（占）地等通道赔偿工作，应以设计单位出具的塔基设计图示计算面积作为依据，尽量避免超出标准，降低后续审计的风险，对于超标准的征地需出具相关的会议纪要等文件作为费用计算依据。

第5章 风 险 费 用

工程量清单计价模式下的综合单价指完成一个规定清单项目所需人工费、材料和工程设备费、施工机具使用费、企业管理费、利润以及一定范围内的风险费用。风险费用指隐含于已标价工程量清单项目中所需的人工费、材料、施工机械使用费和措施费、企业管理费、规费、利润以及约定范围内的风险费用。由于不同工程的自然条件、设计深度、施工方法等各不相同，造成清单费用中的风险费用难以确定。在计价过程中风险费用十分重要，关系到工程的整体造价水平。本章针对电网建设工程中常见风险费用进行分析，为风险费用的计价提供指导和建议。

5.1 乙供材料价差调整（QD-5-1）

【案例描述】

某电缆输电线路工程根据合同专用条款规定，主要材料中的钢材、商品混凝土、标准砖、水泥、砂、碎石、块石及电缆，可根据规定调整价差。该工程电缆沟回填主要材料为石屑，用量达到 22 650m³，施工单位报审结算时根据施工期间实际信息价调整价差，信息价约为 112 元/m³；但结算审核单位根据合同规定，认为石屑不在调整价差范围，不予进行调差，双方发生争议。

【案例分析】

该案例的问题根源在于调差材料是否包括石屑。施工单位认为石屑是属于碎石类材料，应予调差；结算审核单位认为应严格按照合同规定的材料种类调整材料价差，不应将石屑纳入调差范围。按照通常定义石屑指的是轧制并筛分碎石所得的粒径为 0～5mm 的粒料，其本质是粒径较小的碎石，因此建议可以进行价差调整。

【解决建议】

石屑本质是粒径较小的碎石，因此可以按照合同规定，进行价差调整，建议在后续工程施工合同结算条款中明确石屑（石粉）是否可调整材料价差，以免后续争议出现。

5.2　承包范围内工程变更费用（QD-5-2）

【案例描述】

某电缆线路工程，在施工过程中由于现场拆迁户的妨碍，需修改路径，增加电缆沟长度。施工单位认为该情况属于建场费赔偿原因导致的工程量增加，应该按变更处理。该工程施工合同属于设计施工总承包合同，结算审核单位按照合同变更原则，认为不属于项目法人或项目管理单位提出的超出合同范围的内容，不计算该部分增加费用。对此双方存在争议。

【案例分析】

根据该工程设计施工总承包合同相关规定，项目法人或工程项目管理单位提出的超出合同范围的变更、或由承包人提出并经发包人审批同意的引起施工图工程量减少的变更经审批程序确认后，引起的合同价格变化，由发包人和承包人按变更的内容和数量增减后，才能增减费用。

因建场费赔偿原因造成的变更是否增加费用，在该工程施工合同中并没有明确约定。但根据合同变更原则，这部分费用可由总承包单位通过勘察调整设计方案予以避免，且并不满足合同中调增费用的条款，因此不应按变更计算增加费用。

【解决建议】

设计施工总承包合同中由于总包单位自身原因，提出并实施没有超出合同范围的变更，不应计算该部分增加费用，应严格按照合同变更原则的相应条款执行。

5.3 投标单价包干问题（QD-5-3）

【案例描述】

某项目招标文件要求按项目的招标图纸编制工程量清单及其控制价进行清单报价，实行单价包干。清单单价包括但不限于人工费、材料费、施工机械使用费、临时设施费、安全文明施工费、施工工具用具使用费、冬雨季施工增加费等，以及考虑地形、一定范围内风险等因素形成的全费用单价。该项目施工过程因雨季造成施工单位需使用抽水机进行抽水，结算时施工单位与监理单位确认抽水机机械台班为 32 台班，并重组清单单价；审核单位认为该抽水台班费用已经包含在投标单价内，应予以扣减。

【案例分析】

该案例涉及投标单价范围内的包干内容重复计算问题。该项目招标文件要求实行单价包干，并明确清单单价包括但不限于人工费、材料费、施工机械使用费、临时设施费、安全文明施工费、施工工具用具使用费、冬雨季施工增加费等，以及考虑地形、一定范围内风险等因素形成的全费用单价。由于单价内容已包含冬雨季施工增加费，承包商报价时应考虑到雨季施工措施增加费和风险等因素。因此该案例中抽水机机械台班费应由承包商承担，结算时需扣减该费用。

【解决建议】

按招标文件、投标文件、合同结算条款要求，投标单价包干范围内容不得重复计算费用。